Dr. Karsten Brandt

30 Sekunden : Istanbul Edition

Dr. Karsten Brandt

30 Sekunden

Istanbul Edition

2023

BONN

Jahr: 2023
ISBN: 9789403690582

Herausgeber: Noah Brandt
Gestalter: Noah Brandt

Impressum:
Dr. Karsten Brandt
Im Bonnet 19
53229 Bonn
brandt@donnerwetter.de

donnerwetter.de

Bookmundo
Gedruckt in Deutschland

Die Deutsche Nationalbibliothek verzeichnet diese Publikation in der Deutschen Nationalbibliografie.

Inhaltsverzeichnis

Inhaltsverzeichnis

Einleitung

Kommt es mitten in der Nacht? Das große nächste Beben, oder wird es gar ein Erdbebensturm, immer wieder neue Beben im östlichen Mittelmeeraum?

Bild: Der Bosporus - Perspektive aus dem Flugzeug

Im Sommer vor rund 10 Jahren habe ich mitten in der Nacht in Antakya/Hatay ein Erdbeben im 4. Stock erlebt. Unheimlich, 5 Jahre nach dem Scheiben des 30 Sekunden Buches für Antakya.

Jetzt bestehen große Risiken für den Osten der Türkei und für die Region Istanbul. Auch für das Marmarameer bestehen erhebliche Erdbebenrisiken.

Dieses von merkwürdigen Geräuschen und mehr oder weniger rhytmischen Wellenbewegungen gekennzeichnete Schütteln des Bodens machte vielen Angst. Genau das hoffe ich wird das Buch mit Ihnen nicht machen, es sollen Ihnen keine Angst einjagen, aber nach dem Lesen werden sie hoffentlich Respekt vor Erdbeben haben und vielleicht etwas besser vorbereitet sein, um die wahrscheinlich schlimmsten 30 Sekunden ihres Lebens zu überstehen, denn viele von uns vergessen, dass wir auf einer Erde leben, die für den Menschen durchaus eine feindliche Umwelt darstellt. Mit all den technischen Finessen, bauen wir uns unsere abgesicherten Wohnhöhlen und Wohnstätten und trotzdem lauert die grausame Umwelt überall. Dürre, extreme Kälte und Hitze und plötzliche Fluten und das böse Rumoren unter der Erde sind die Hauptgefahren in der Türkei.

Schönheit hat seinen Preis

Haben Sie sich mal gefragt, wie all die schönen Berge und Täler entstanden sind, die unsere Erde so abwechslungsreich machen? Bis weit ins 19. Jahrhundert ging man davon aus, dass die Berge bei der Entstehung der Erde vorhanden waren und sie sich kaum wandelt. Sie also so bleibt, wie der Schöpfer sie erschaffen hat. Im 20. Jahrhundert wurde dann immer deutlicher, dass die Berge, ja ganz Kontinente sich bewegen und verändern und alte Berge abgetragen und neue Berge entstehen. Dieser Prozess der Landschafts und Gesteinsbildung in kleinem und großem Maßstab ist so langsam, dass Generationen von Menschen davon nichts mitbekommen.Nur stumme Zeugen, wie versteinerte Muscheln auf hohen Bergen zeigen uns, dass mancher Boden mal Meeresboden war und durch gewaltige Kräfte zu Bergen geformt wurde.

Spürbar für die Menschen waren nur die unheimlichen Erdbeben, die die Erde erschütterten und vieles zerstörten. Nur durch eine Kette von Milliarden verheerenden Erbeben entstanden bis über 8000 m hohe Berge und Täler auf der Erde.

Anatolien, der asiatische Teil der Türkei, liegt auf einer Erdscholle, die von Süden und Südosten von der afrikanischen Platte und der arabischen Platte gerieben wird. Im Westen und Norden grenzt die europäische Erdplatte (z.B. europäische Teil der Türkei mit dem westlichen Istanbul). Falten, Furchen und Spalten durchziehen das ganze Land. Die Schönheit des Landes mit Bergen, Meer und Tälern entstand durch diese ständige Unruhe in der Erde. Taurus, die Amanosberge und die fruchtbare Amik-Ebene haben einen furchtbaren Preis – die verheerenden Erdbeben.

Am Bosporus ist es die Verwerfung, die Plattengrenze der Anatolischen Platte, die nach Nordwesten strebt, ca. 2 cm pro Jahr die gegen die eurasischen Platte strebt. Die gesamte Ägäis, Griechenland und Türkei sind daher stark erdbebengefährdet. Der ganze Norden der Türkei, in einer Linie vom Marmarameer bis nach Erzurum zum Ararat hat daher ein ganz großes Erdebenrisiko. Im Westen dehnt sich die Risikozone nach Süden bis in den Bereich Marmaris aus und nimmt nach Osten nach Antalya ab.

Im Prinzip ist die ganze Türkei gefährdet, allerdings unterschiedlich stark und nur der Bereich zwischen Ankara runter bis Anamur am Mittelmeer ist nur mäßig gefährdet.

Plattentektonik

Der deutsche Geophysiker Alfred Wegner fand, dass die Kontinente der Erde, wie in einem Puzzlestück gut zueinander passen. Er formulierte daraus eine Theorie, dass die Kontinente alle früher zusammen waren und einen Superkontinent Pangäa bildeten. Im Laufe von Millionen Jahren wuchsen die Kontinente langsam auseinander. In den sechziger Jahren konnte Wegners Theorie wissenschaftlich bestätigt werden.

Unsere Erdkugel besteht aus einem 6400 km dicken Radius mit vielen Geheimnissen. Keiner hat bisher wirklich in das Erdinnere gesehen, oder Proben aus großer Tiefe erobern können. Bohrungen, tiefer als wenige Kilometer in die Erde, sind bisher noch nicht durchgeführt worden. Unterhalb der festen Erdkruste, die auf dem Festland zwischen 40-60 km dick ist und unterhalb der großen Ozeane nur eine Dicke von 5-7 km aufweist, findet sich dickflüssiges Magma. Der Grund für die zähflüssige Masse zwischen fest und flüssig liegt in der hohen Temperatur, die in dieser Tiefe herrscht. Es werden hier ca. 2000-3000 ° C gemessen, dies ist nahe dem Schmelzpunkt des Gesteins. Weitere tausende Kilometer zum inneren Kern ist, wird das Material wieder fest. Wahrscheinlich besteht der Kern aus Eisen. Besonders die ersten hundert Kilometer unterhalb der Erdkruste auf der wir leben, sind verantwortlich für die Veränderungen der Oberflächengestalt unseres Planeten. Strömungen innerhalb des Erdmandels sorgen für die Bewegung von Erdplatten und die Ausbildung von Vulkanen. Unter so genannten „hotspots“ steigt von Zeit zu Zeit heißes Magma auf, die Quelle für Vulkane.

Die Strömungen im Erdinneren treiben im Zeitlupentempo die Erdplatten gegen- oder auseinander. An den Stellen auf der Erde, wo sich zwei große Erdplatten voneinander entfernen, so zwischen Südamerika und Afrika gibt es eine lang gestreckte Zone, in der sich neuer Boden bildet. Um wenige Zentimeter vergrößert sich der Abstand zwischen den Kontinenten im Atlantik von Jahr zu Jahr und neuer Erdboden bildet sich. Auf der anderen Seite, an den Stellen, wo sich die Erdplatten treffen und verkanten, können sie sich zu imposanten Gebirgen empor schieben, im Mantel schmelzen und so den Zyklus neu antreiben.

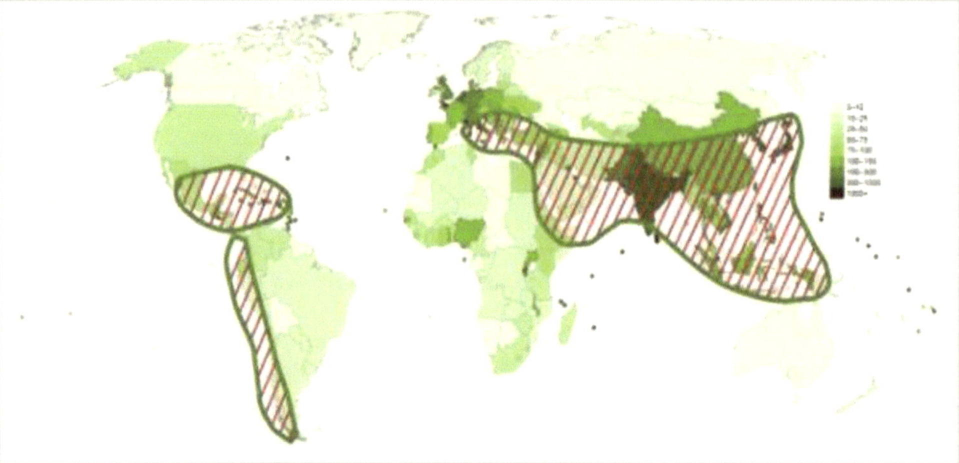

Bild: Infografik-Darstellung der tektonischen Platten auf unserem Globus.

Quelle: donnerwetter.de *GmbH © / Icon ©*

Die Türkei ist umgeben von verschiedenen Plattensystemen. Ein Großteil der Türkei liegt auf einer eigenen Platte, der anatolischen Platte. Von Süden her drückt die afrikanische Platte gegen die anatolische, die arabische Platte gegen die persische und anatolische Platte und die anatolische Platte gegen die eurasische Platte, die von Mitteleuropa bis Asien reicht.

Schwere Erdbeben werden entlang dieser Plattengrenzen verzeichnet. Besonders an der Stelle, wo die afrikanische Platte auf die anatolische und europäische Platte drückt kommt es ständig zu Erdbeben und zu erheblichen Gebirgsfaltungen und zu Vulkanismus. Die Taurusbergkette im Süden der Türkei ist zur gleichen Zeit entstanden, wie die Alpen, also ca. vor 65 Mio. Jahren. Die Entstehungsursache ist die gleiche. Afrika schiebt sich von Süden her vor und sorgt für erhebliche so genannte orogenetische Prozesse von der Schweiz, über den Balkan bis nach Anatolien.

Im Marmarameer und damit unweit von der Metropole Istanbul treffen sich dann alle drei Platten, die afrikanische, die anatolische und die europäische mit der Folge einer erheblichen Erdbebenwahrscheinlichkeit. Durch den Norden der Türkei zieht sich dann die Grenze zwischen der anatolischen und europäischen Plattengrenze.

Auch hier gibt es immer wieder Erdbeben. Besonders große Erdbewegungen sind in der Türkei an den Stellen zu erwarten, wo alle Plattengrenzen aufeinander treffen. Dies ist in der Osttürkei unweit vom Ararat, in der Südtürkei im Hatay und entlang der Ägäis und im Marmarameer der Fall.

Bild: Grafik-Darstellung der Türkei mit Erdbebenrisikozonen.

Kurze Erläuterung: RRRR-Zonen besitzen das höchste Risiko für Erdbeben. In 0 -20 Jahren sind hier Erdbeben innerhalb des Magnitudenspektrums von > 9-10 zu erwarten. Extrem schwere Erdbeben zwischen **Hatay - Malatya** sind in den nächsten 20-30 Jahren nur **gering wahrscheinlich**.

Es ist auffällig, dass Erdbeben und Vulkanausbrüche zwar weltweit auftreten, diese sich aber an Linien konzentrieren, die letztendlich die Plattengrenzen markieren. Diese insgesamt 16 Platten sind in langsamer Bewegung, angetrieben durch eine Strömung im Erdinneren. Die rührt wohl daher, dass die Temperaturen der heißen Masse im Erdinneren unterschiedlich sind. An einigen Stellen strebt heiße Flüssigkeit nach oben und drückt damit eine Erdplatte nach oben, an anderen Stellen zieht die Strömung einzelne Platten nach unten. Die Platten bewegen sich aufgrund der Strömungen über den Erdmantel, mit 2-3 cm pro Jahr dem oben beschriebenen halbflüssigen Gestein hinweg, welches etwa 300-400 km tief in die Erde reicht.

Die Geschwindigkeiten der Platten sind gering, sie reichen von wenigen Millimetern, bis hin zu einigen Zentimetern im Jahr.

An den Zonen, wo Platten sich trennen wird neuer Boden gebildet. Magma quillt vom Erdinneren hervor und bildet neuen Boden. Insgesamt entsteht aber nicht mehr Erdboden, da andere Stellen ein gegenläufiger Prozess einsetzt. Es ist ein gigantischer Recyclingprozess. Auf der einen Seite wird neuer Boden geboren, auf der anderen Seite verschwindet er in den Tiefen des Magmas.

So geschieht dies, wenn Ozean tragende Platten, die meist aus Basalt bestehen, auf leichte Granitplatten der Kontinente treffen. Die schwerere Platte des Ozeanbodens kriecht unter die Kontinentalplatte aus Granit. Die Platte wird damit in das tiefe heiße Magma getrieben und sorgt dafür, dass es bei dem Vorgang an den Grenzen der Platten zu Erbeben und zu Vulkanismus kommt.

Stoßen zwei Kontinentalplatten zusammen, wird keine unter die andere geschoben, sondern es entstehen extreme Drücke beim verkanten, die dazu führen, dass große Gebirge entlang der Auftreffzonen langsam aufgefaltet werden. Allerdings kommt es nicht immer zur Gebirgsbildung, wenn die Platten aneinander streichen, kann dies auch mehr weniger sanft ablaufen, so dass es bei gelegentlichen Erdbeben bleibt und nur eine schwache Gebirgsbildung einsetzt.

Vor rund 200 Jahren bildeten alle Kontinente eine gemeinsame Landmasse, genannt Pangaea. Die Landmasse riss auf und driftete auseinander. Der Atlantik wird größer und die beiden amerikanischen Kontinente driften auseinander. Aufgrund dieser Spaltenbildung entstand auch die arabische Platte, die sich von der afrikanischen Platte löste.

Bei sich aneinander vorbei schiebenden Platten, wie dies z.B. in Kalifornien zu beobachten ist, kommt es immer wieder zu heftigen Erdbeben, wobei es hier nicht zu einer Auffaltung der Gebirge kommt.

Erdbeben

Erdbeben sind die Vibration oder Erschütterungen des Bodens. Die Ursachen für die Vibrationen können vielfältig sein, so gibt es von Menschen gemachten Erdbeben, die durch den Bergbau, oder durch Sprengungen entstehen und die natürlichen Erdbeben, wie oben beschrieben, durch Plattengrenzen, Brüche usw.

Die meisten Erdbeben entstehen in den obersten 20-30 Kilometer des Mantels und der Kruste. Das Gestein ist meist so elastisch, dass es wie bei einem Expander starke Kräfte aushalten und aufnehmen kann. Das Gestein verändert sein Volumen und der Druck steigt bis zu einer gewissen Grenze, bis dann plötzlich die Grenze überschritten ist und mit einer heftigen Druckbewegung das Gestein an einer schon bestehenden oder neuen Verwerfung neu bricht.

Von dieser ersten Bruchstelle breitet sich die Energie, die dadurch frei geworden ist, in Form einer Welle aus und es entsteht ein Erdbeben. Die Bruchstelle stellt dann das Epizentrum, also den Ausgangspunkt des Erdbebens dar. An dieser Stelle ist die Energie, die die Verschiebung auslöst, am heftigsten.

Die Erdbebenwellen

Von einem Erdbebenherd gehen seismische Wellen in alle Richtungen aus. Bestimmte Typen von Wellen sind sogar in der Lage durch die Erde zu wandern. Diese werden Körper- und Raumwellen genannt. Andere Wellen wandern nur an der Oberfläche. Zumeist können Erdbewegungen weltweit registriert werden, da Teile der Wellen durch die Erde laufen, wie die sehr schnelle P-Welle.

Die Geophysiker unterscheiden vier verschiedene Wellentypen, die den Boden samt Aufbauten unterschiedlich zum Schwingen bringen. Die Geschwindigkeit der Ausbreitung der Wellen ist dabei stark unterschiedlich, was auch wiederum mit dem Bodentyp zusammenhängt. Diese Schwingungen verursachen letztendlich die Zerstörungen.

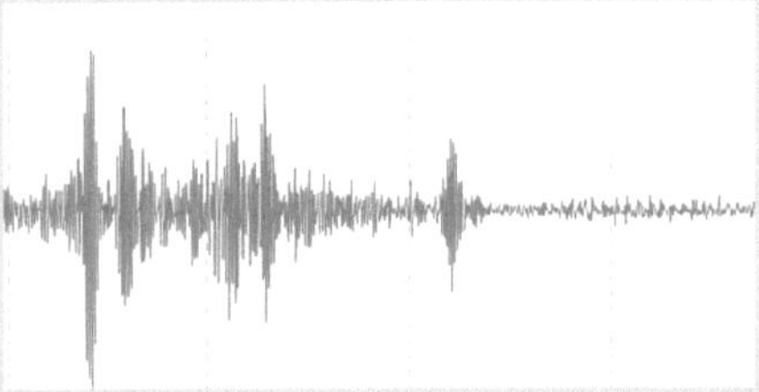

Bild: Aufnahme bezüglich Erdbebensensorik an einem ruhigen Tag - Bewegung im Bereich von wenigen 1/100 mm und weniger

Einerseits gibt es die Raum-Wellen und andererseits Oberflächenwellen. Die Raumwelle breitet sich in alle Richtungen aus und bewegt sich rasch durch das Innere der Erde. Die Raumwelle wird wiederum in Primär und Sekundärwelle unterschieden.

<u>Die P-Wellen</u>

Die P-Wellen sind die ersten Wellen, die man wahrnimmt. Diese longitudinalen Wellen breiten sich durch den äußeren Erdkern aus und schaffen es in weniger als einer halben Stunde an die andere Seite des Erdballes. Eine P-Welle drückt den Boden horizontal zusammen und wieder aus einandern. Eine Primärwelle breitet sich im Erdboden mit einer Geschwindigkeit von 6 km/s aus. In Wasser können sich die Wellen nicht ausbreiten.

<u>Die S-Wellen</u>

Diese Typ von Welle, die Scher-Wellen erzeugen vertikale Schwingungen, daher sie heben und senken den Boden ab. Sie sind nur halb so schnell wie die Primärwellen.

Die L-Wellen

Durch die Wellenbewegungen der Vorläuferwellen werden eigene Oberflächenwellen angeregt. Die Love-Wellen führen zu wie die S-Wellen vertikale Bewegungen aus. Mit der Tiefe nimmt die Amplitude aber ab, so dass der tiefe Grund sich nicht bewegt, dafür die Oberfläche.

Die M-Wellen

Dies sind die Wellen, die die meisten Zerstörungen verursachen. Der Boden wird in der Vertikalen in Form einer Ellipse rauf und runter geschleudert. Auch diese Wellen nehmen mit der Tiefe ab.

Messmethoden für Erdbeben

Jedes Jahr gibt es auf der Erde ca. 100.000 Erdbeben, allerdings haben weniger als 100 davon ein größeres Zerstörungspotential und weniger als 10 sind wirklich als schwere Erdbeben zu bezeichnen.

Die berühmte Richterskala, die in den dreißiger Jahren des 20. Jahrhunderts entwickelt wurde, wird zur Einschätzung der relativen Stärke eines Erdbebens benutzt, um z.B. die Schwere des Erdbebens einzuschätzen. Die Richterskala wurde überwiegend auf amerikanische, besser gesagt auf kalifornische Verhältnisse angepasst, ist aber weltweit der bekannteste Erdbeben-Maßstab. Dabei wird eine logarithmische Skala genutzt, die jedem Erdbeben eine Ziffer von 0 bis 9 zuordnet. Nimmt daher die Stärke eines Erdbebens um eine Ziffer zu, ist das Erdbeben zehn mal stärker. Damit nimmt auch die Verformungsenergie um den Faktor zehn zu. Je größer die seismische Welle ausgeprägt ist, also je größer der Abstand von Wellenkamm zu Wellental (Amplitude) ist, desto größer die Erschütterungskraft. Ein zehnfacher Anstieg einer Amplitude bedeutet ungefähr eine 32-fache Zunahme der freigesetzten Energie.

Daneben wird z.B. noch die Moment-Magnituden-Skala benutzt, um auch schwerste Erdbeben erfassen zu können.

Die Basis dieser Skala sind Informationen über die räumliche Veränderung an der Verwerfung, die das Erdbeben ausgelöst hat. Je stärker sich der Boden verändert, z.B. sich an der Bruchstelle verschiebt, desto größer ist die Stärke des Erdbebens.

Die Mercalli-Intensitätsskala misst die Intensität und die Auswirkungen eines Erdbebens an einem speziellen Ort.

Die EMS-Skala benutzen Seismologen heute gerne, um die Auswirkungen von Erdbeben zu beschreiben. Hier die Skala erläutert aus Wikipedia:

Stärkegrad	Kurzbezeichnung	Beobachtung
I	nicht fühlbar	Selbst unter günstigen Bedingungen nicht fühlbar.
II	kaum bemerkbar	Einzelne ruhende Personen nehmen die Erschütterungen wahr, vor allem in höher gelegenen Stockwerken von Gebäuden.

Stärkegrad	Kurzbezeichnung	Beobachtung
III	schwach	Schwache Erschütterungen werden durch Personen wahrgenommen, die sich innerhalb von Gebäuden befinden. Ruhende Personen fühlen ein Schwanken oder leichtes Erzittern.
IV	deutlich	Von vielen Personen innerhalb von Gebäuden wahrnehmbar, außerhalb nur von einigen. Manche Schlafende erwachen. Die Stärke der Erschütterungen ist nicht beängstigend. Fenster, Türen und Geschirr klappern, hängende Objekte beginnen zu schwingen.
V	stark	Von den meisten Personen innerhalb von Gebäuden wahrnehmbar, außerhalb von einigen. Manche Personen flüchten aus Gebäuden, viele Schlafende erwachen. Gebäude erzittern komplett, hängende Objekte schwingen deutlich, Porzellan und Gläser stoßen vernehmlich zusammen. Die Erschütterungen sind stark, kopflastige Objekte fallen um. Türen und Fenster öffnen und schließen sich.
VI	leichte Gebäudeschäden	Wird von den meisten Personen innerhalb von Gebäuden wahrgenommen, außerhalb von den meisten. Viele Personen in Gebäuden erschrecken und flüchten nach draußen. Kleine Gegenstände fallen herunter. Leichte Schäden an normalen Gebäuden, so etwa Risse und Ausbrüche in Verputzen.

Stärkegrad	Kurzbezeichnung	Beobachtung
VII	Gebäudeschäden	Die meisten Personen in Gebäuden erschrecken und flüchten nach draußen. Möbel verrutschen und viele Gegenstände fallen aus Regalen und offenen Schränken. Viele normale Gebäude werden beschädigt, so etwa durch Mauerrisse und teilweise einstürzende Kamine.
VIII	schwere Gebäudeschäden	Möbel können umfallen. Viele normale Gebäude werden beschädigt: Kamine stürzen ein, große Mauerrisse, einige Gebäude fallen teilweise zusammen.
IX	zerstörend	Hohe Strukturen wie Denkmäler oder Säulen fallen um oder werden verbogen. Viele normale Gebäude fallen teilweise zusammen, einige Gebäude werden vollständig zerstört.
X	sehr zerstörend	Viele normale Gebäude stürzen ein.
XI	verwüstend	Die meisten normalen Gebäude stürzen ein.
XII	vollständig verwüstend	Fast alle über- und unterirdischen Bauwerke werden zerstört oder schwer beschädigt.

Quelle: https://de.wikipedia.org/wiki/Europ%C3%A4ische_Makroseismische_Skala
Portal: Wikipedia | Wikipedia-Artikel: „Europäische Makroseismische Skala“
Aufgerufen am: 17.02.2023

Die Wahrscheinlichkeit - Erdbebenkaskaden könnten Mittelmeerraum und die Türkei verändern

Die Wahrscheinlichkeit – Erdbebenkaskaden könnten Mittelmeerraum und die Türkei verändern

Alle 10 Jahre gibt es im Türkei schwere Erdbeben, die meist allerdings ohne größere Schäden anzurichten ausgehen. Ca. alle 100 Jahre gibt es Erdbeben, die einzelne Gebäude einstürzen lassen und Todesopfer fordern. Alle 300-500 Jahre drohen dann Beben, die das Potential haben die Erde auf den Kopf zu stellen. Fast nichts bleibt heil. Wann so ein Erdbeben kommt ist nicht zu sagen. Vielleicht schon heute, wenn ich den Text gerade schreibe, oder erst in 100 oder 200 Jahren wenn wir alle schon wieder Geschichte sind.

Wichtig ist dass auch der Schaden von Erdbeben nicht genau vorhersagbar sind. Sie sind in einer besonderen Form von Statistik gefangen, „in Extremistan“ wie Nassim Taleb sag. Es gibt hier keine Mittelwerte von Erdbeben, sondern das extremste Ereignis (Erdbeben) dominiert die Statistik

Tabelle: prozentuale Wahrscheinlichkeiten bezüglich Erdbebenrisiko in Regionen

Jahr	2024	2030	2040	2050
Istanbul %	97,3	97,9	98,7	99,5
Hatay %	25	29	33	40
Ostanatolien %	92	95	98	99
Ägäis %	94	96	98	99

Wahrscheinlich wird ein sehr schweres Beben mit einer so genannten Erdbebenkaskade einher gehen, einem Erdbebensturm im gesamten östlichen Mittelmeerraum. Dies geschah schon einmal zwischen 1225 bis 1175 v. Christus als knapp 50 bronzezeitliche Städte rund um das Mittelmeer zerstört wurden. Ähnliches passierte dann 1600 Jahre später wieder im Mittelmeerraum.

Diese Erdbebenstürme entstehen dann, wenn die Spannung an einer Plattengrenze so weit ansteigt, das ein Erdbeben ausgelöst wird, kurze Zeit später steigt durch das Beben die Spannung etwas weiter stärke an und so kommt es zum Erdbebensturm, in dem es innerhalb eines halben Jahrhunderts zahlreiche Erdbeben gibt. Möglicherweise wird ein sehr starkes Beben in einen Erdbebensturm im östlichen Mittelmeerraum eingebunden, welches die Gegend für immer verändern wird. Diese könnte nach dem Hatay-Gaziantep-Malatyabeben im Februar 2023 der Fall sein.

Erdbebengefahr bis 2050	
Höchste Erdbebengefahr	Istanbul, Tekirdağ, Çanakkale - Marmara Denizi
Hohes Risiko	Ägäis Baliksehir, Manisa, Izmir , Usak, Denizli, Budur, Aydin, Sakarya, Amasya, Tokat, Erzincan, Erzurum, Kars, Artvin, Agri, Mus, Van, Bingöl, Dersim, Siirt
Erhöhtes Risiko	Mugla, Marmaris, Ankara, Corum, Kayseri

<u>Betroffene Bevölkerungsanzahl des Erdbebens - bezogen auf obige Tabelle - nach Farben</u>

25 Millionen Menschen

30 Millionen Menschen

10 Millionen Menschen

Das Beben

Die Beschreibungen der Auswirkungen bezieht sich auf die ganz wenigen seltenen Beben, die eine erhebliche Schwere haben. Es sind die Beben die die vertraute Welt auf den Kopf stellen können. Durch das Beben

Viele Dinge, z.B. wie viele Opfer zu beklagen sind, hängt von der Uhrzeit und vom Tag ab, wann ein Erdbeben eintritt. Um dies zu verdeutlichen, reicht der Hinweis auf das große Beben von Lissabon im Jahr 1755, welches genau am 1.November, also an Allerheiligen um 9.30 Uhr auftrat.

Die meisten Menschen wurden in den 30 Kirchen der Stadt beim Gottesdienst erschlagen.

Das Erdbeben von 1755 in Lissabon sorgte für einen dreifach Schaden – erst das Beben, dann eine gigantische Wasserwelle und zuletzt ein großes Feuer

Das Beben in Lissabon erschütterte nicht nur den Boden, sondern auch die Gedankenwelt der damaligen Zeit. Wie konnte ein liebender Gott es zulassen, über eine so gläubige Stadt so viel Unheil zu bringen. Lissabon war zu diesem Zeitpunkt eine extrem arme, aber sehr religiöse Stadt. Der unglaubliche pompöse Schmuck, der offen zur Schau gestellte Reichtum der katholischen Kirchen und die zahllosen Bettler auf den Straßen müssen für Besucher einen großen Gegensatz gebildet haben. Man schätzt, dass jeder fünfte Bewohner in Lissabon obdachlos war. Die Stadt am Tejo, auf sieben Hügeln erbaut, war am Ende. Kaum etwas war noch übrig vom einstigen Glanz der Seefahrerzeit. Portugiesen arbeiteten nicht, nur Wanderarbeiter und Sklaven aus Afrika. Nur der Glauben zählte in dieser Stadt, als am ersten November, also an Allerheiligen, gegen kurz von 10 Uhr der Boden bebte.

Wäre das Beben nur 2 Stunden früher oder später aufgetreten, wären die Schäden bei weitem nicht so schlimm gewesen.

Im Fall von Hatay gingen wir von einem Beben zum Freitagsgebet auf, nachts kann es noch viel schlimmer sein, wie wir gesehen haben. Zeit und Tag entscheiden über die Auswirkungen,

Wie wird ein starkes Erdbeben in Istanbul aussehen?

Stunden vor einem stärkeren Erdbeben finden sich erste Warnsignale in der Tierwelt. Hunde sind aggressiver, jaulen stundenlang herum. Vor einem schwachen Erdbeben auf der Insel Rhodos erlebte ich es einmal, wie zwei Hunde die ganze Nacht über jaulten und an Schlaf nicht zu denken war. Auch andere Tiere reagieren auf Infraschall, der bei Erdbeben verstärkt, manchmal schon Stunden vor dem Erdbeben frei wird. Menschen können diese Schallwellen nicht hören.

Plötzlich gibt es ein lautes Knirschen im Boden. Ein unheimliches Geräusch, besonders wenn es nachts auftritt. Manchmal hört man auch hohe Töne, so wie wenn Vögel laut kreischen, oder ein dunkles rumpeln.

Dann herrscht nochmals kurz Ruhe und dann geht das wirkliche Beben richtig los. Der Boden nimmt Wellenform an. Wie Meereswellen laufen diese seismischen Wellen über das Land hinweg. Stoßweise mit Abständen zwischen den Kämmen von wenigen Metern. Das Land wird angehoben und fällt dann wieder in ein seismisches Tal. Kleinere Gegenstände, wie Fahrräder oder Papierkörbe hüpfen auf den Strassen herum, schon bei den ersten schwachen Wellen des Bebens. Im Basar fängt bei den Metallhandwerkern ein unheimliches Konzert an, Die Pfannen, Töpfe und Öfen stoßen rhythmisch aneinander an, bis sie bei den stärkeren Wellen nach nur wenigen Sekunden herabfallen.

Große Körbe mit Süßigkeiten, Nüssen oder Gemüse fallen um. Teller und Becher fallen herunter Ein Wirrwarr von Geräuschen aus allen Richtungen ist zu vernehmen.

<u>In der Moschee</u>

In den alten, aber wunderschönen Moscheen in Istanbul, die zu fangen die Kronleuchter wild an zu schwanken. Teile der reich geschmückten Innenfassade lösen sich. Gegenstände fliegen umher und unterbrechen die Predigt des Imams. Das heftige Schwanken der Wände lässt das Minarett auf die Kuppel der Moschee stürzen und begräbt hunderte Gläubige unter den Trümmern der Moschee.

Bild: Minarette einer Moschee in der Türkei

Bild: Uhrturm in Istanbul

Gebäude berühren sich, der „hammering“-Effekt

Findet das Erdbeben in einer Region mit weichen Sedimenten statt, werden die Schwingungen besonders stark auf Gebäude übertragen. In Mexiko City 1985 kam es so zum „hammering“-Effekt, der eng nebeneinander stehende Häuser so stark schwingen lies, dass sich die Häuser berührten. Dadurch entstanden große Schäden, da die obersten Stockwerke zusammen stießen. Im gesamten Innenstadtbereich von Istanbul dies zu befürchten, denn oft trennen nur ein bis zwei Meter Luft die Gebäude von einander

Tsunami im Bosporus? Und im Marmarameer

Es ist nicht unwahrscheinlich, dass das Erdbeben auch große Wellen auslösen kann. Je nachdem wo die Verwerfungszone ist, ist der Uferbereich nicht sicher. Plötzlich zieht sich das Wasser nach dem Erdbeben zurück und eine 2-3 m Welle strömt auf die Küste zu. Hundert, gar tausende Menschen könnten ertrinken. Die Tsunamiegefahr für die gesamte Marmaraküste ist erheblich. Auch im Bosporus ist die denkbar. Besonders z.B. am goldenen Horn.

Bild: Blick auf den Bosporus und die beiden (noch) bestehenden Brücken

Die Brücken über den Bosphorus

Wenn die ersten großen Wellen des Erdbebens auf unsere modernen Betonbrücken treffen, ist es eine Frage von wenigen Sekunden, bis sie einstürzen, hier hängt es entscheidend von der Stärke des Bebens ab, liegt die Energie im Bereich des Februarbebens 2023, dann könnte es eng werden für die Brücken.

Bevor überhaupt das Schütteln des Erdbebens werden hunderte Menschen auf und um die Brücke herum ein einmaliges Geräusch hören, wenn sie es vor Panik überhaupt wahrnehmen können. Neben den eigentümlichen Geräuschen des Erdbebens wird die Primärwelle tausende Betonplatten entlang der Böschung herausbrechen. Mit der hohen Geschwindigkeit der Primärwelle wird es tausendfach knacken, so wie als würde man Nüsse knacken, aber nicht eine sondern hunderte gleichzeitig. Ein gewaltiges Getöse, in das sich dann die Panik schreie der Menschen mischt, die versuchen von der Brücke zu fliehen. Vermutlich wird die Hauptbrücke nach 3-4 Sekundärwellen einstürzen. Die Autofahrer, die gerade auf die Brücke fahren, hören noch nichts von dem sich anbahnenden Unglück und werden erst sehr spät die Brücke verlassen können. Im Basar

Schon die Geräusche der heran fliegenden Erdbebenwelle sorgt für eine eigenartige Stille im Schuhbasar. Plötzlich steht alles still, die Menschen spüren aber instinktiv, das etwas nicht stimmt und das sich ihr Leben in wenigen Sekunden für immer verändern wird.

Erreicht kurze Augenblicke später die erste Sekundärwelle den Basar, fliegen Schuhe und Panik bricht aus. Die Asbestabdeckungen des altehrwürdigen geschlossenen Basars bersten und brechen im Schaukeln hernieder, kurz bevor große Teile des Basars zu einem Trümmerfeld werden.

Im türkischen Kaffeehaus

Ein lautes unheimliches Geräusch lässt das Gelächter im kahve verstummen. Das türkische Männerkaffee ist der Kommunikationsort für die türkische Männerwelt im Stadtviertel. Das was für die Deutschen die Eckkneipe ist, ist für die türkischen Männer das kahve, in dem der typische türkische Tee, Kaffee und kleine Snacks gereicht werden. Hier werden Familienprobleme, die große Politik in Ankara, aber auch die lokale Schwierigkeiten besprochen. Hier wird auch gespielt, mal um Kleinigkeiten, häufig aber auch um großes Geld. So manche Familie wurde im Männerkaffee ruiniert. Tavlabretter und Okeysteinchen und Spielkarten liegen an und auf den Tischen. Die erste Sekunde zwischen diesem lauten Geräusch und dem ersten großen Ruck, der das große Schütteln des Erdbebens einläutet, herrscht gespannte Stille. Die Zeit steht still in dieser Zwischenzeit der Ungewissheit. Eine Sekunde, wie eine Ewigkeit. Bis auf ein paar Karten, die von einem Tisch fallen, sitzen die Männer gebannt, versteinert, wartend, auf dass, was da kommen mag.

Der Boden vibriert leicht, der Tee fängt an hin und her zu schwappen. Mit der Zunahme der Erschütterungen fliegen die ersten Gläser von den Tischen, Karten und weiteres Geschirr fallen herunter und die Geräuschkulisse ist erfüllt von schrillen Geräuschen des herunterfallenden Gegenständen und den Schreien der Gäste.

Bild: Verzehr von traditionell türkischen Speisen in einem Restaurant in Istanbul. Kleckert es? Selbstverschulden oder Erdbeben?

Im Teehaus

In der Küche stehen hunderte der kleinen benutzten Teegläser aneinander und warten auf die Wäsche. Das typische türkische Teeglas liegt gut in der Hand. Unten und oben ist es dickbäuchiger und in der Mitte schlank. Ein Tässchen trinkt der Türke mit einem Stück Zucker innerhalb weniger Minuten. Plötzlich stoßen hunderte dieser Gläser rhythmisch aneinander. Dieses irgendwie feierlich klingende Geräusch, wird unterbrochen durch das Scheppern einzelner Teegläser, welche der Schwerkraft zum Boden folgen. Die beiden Teller, in diesem Fall besser Glaswäscher, sind Still vor Schrecken. Die meisten einfachen Jobs dieser Art, machen Jugendliche, die aus ärmeren Elternhäusern kommen.

Die meisten Gäste bemerken nun mit der aufkommenden Geräuschkulisse plötzlich die Bodenwellen, die das Teehaus wie eine Nussschale auf dem Meer erfassen.

Die eben noch laute, geschwätzige Atmosphäre in diesem Teehaus, in dem sich traditionell nur Männer treffen, ist mit dem Aufkommen der ersten Erdbebenwellen verschwunden. Man starrt sich vor Angst an und hört den unheimlichen Geräuschen des Bodens, des Geschirrs und des Holzes zu. Bei diesem Ereignis werden Sekunden zur Ewigkeit. Mit dem sich aufschaukelnden Erbebenwellen springen die ersten Gäste zur Tür. Alle versuchen nun aufzuspringen, um die immer bedrohlicher schwankende Teestube mit ihrem Holz zu verlassen. Die Glasfenster und Türen bärsten und verletzen die zur Tür stürmenden Gäste. Durch den schwankenden Boden stürzen viele und verletzen sich in den umher fliegenden Splittern. Erste Bluttropfen bilden sich am Boden. Die es ins freie schaffen, kriechen zur Grasfläche, um Halt zu bekommen.

Auf den Feldern, Parks

Von hier aus sieht man am besten, wie die Erdbebenwellen wandern, wie sich der Erdbeben hebt und senkt. Kühe und Schafe sind extrem unruhig und geben Paniklaute von sich, als würden sie kurz vor dem Schlachthaus stehen. Stehend kann man sich auf diesem extrem stark schaukelnden Boden nicht halten. Die kleinen durch den alten Orontes in jahrtausendalter Arbeit angelegten Sandhügel und Senken kommen in Bewegung und sorgen für Verschüttungen. Nach dem Beben sieht die Landschaft hier anders aus und der Orontes und seine Nebenflüsse nimmt einen anderen Weg.

Bild: Aufnahme eines Parks in der Türkei

Im Hotel

Wenig später wird das Beben in der Lobby durch das Klirren der großen Kronleuchter bemerkt. Wild schaukeln die Leuchter hin und her. Das neue Hotel muss sich nun bewähren. Ist es wirklich Erdbebensicher?

Die Bodenoberfläche wird in starken Beben deformiert, Es bilden sich an diesen Bruchzonen regelrechte Versatzlinien. Dies ist gefährlich, wenn ein Gebäude auf dieser Linie steht. Dabei würde so manches Gebäude regelrecht auseinander gerissen und würde in sich zusammenfallen.

Bild: Blick auf den Bosporus - ausgehend von einem Flurfenster des Hotels

In den Altstadt - Großbrand

Hier liegt der Schlüssel zum Überleben Istanbilas. In der Altstadt gibt es sicherlich die meisten Todesopfer durch das Beben direkt zu beklagen. Viele Menschen werden in den alten baufälligen Häusern verschüttet und erschlagen, aber fällt nur ein Gaskocher um und bricht in einem Haus ein Feuer aus, dann brennt wahrscheinlich die gesamte Altstadt nieder. Keine Feuerwehr der Welt kann die Altstadt mit ihren unzähligen kleinen Gassen sichern und retten. Wütet einmal ein Feuersturm, wird er verheerend sein. Die Feuerwehr hat schon bei „normalen" Bränden Probleme, an die Brandstellen heran zu kommen, aber nach einem Erdbeben, kann es Stunden ja sogar Tage dauern, um an bestimmte Stellen mit Feuerwehrwagen heran zu kommen.

Bild: Aufnahme eines älteren Hauses in der Altstadt der Metropole Istanbul

Verkehrswege

Die meisten Brücken über den Bosphorus, Kanäle usw. wurden in den siebziger und achtziger Jahren des 20. Jahrhunderts angelegt. Heute donnern tausende von Autos und Bussen über die zentrale Brücken.. Plötzlich ist ein Brummen hörbar, die Konstruktion fängt leicht an zu schwingen. Wenige Sekunden später tauchen die großen Bodenwellen auf. Sie fließen den Asi hinunter, als wären es die großen Wellen eines plötzlichen Frühlingshochwassers. Die dünnen Betonbeine der mancher Brücke in Istanbul und Umgebung fangen an im Rhythmus der Erdbebenwellen zu schwingen. Die letzten Fußgänger laufen nun in Panik von der Brücke zum Platz und zum Ufer. Autofahrer springen aus den Autos auf der Brücke. Autos und Fahrräder hüpfen nun auf der Brücke hin und her, die weiterhin im Rhythmus der Erdbebenwellen schwankt.

Einige Fahrer versuchen auch während des Bebens noch voran zu kommen. Der türkische Autofahrer lässt sich normalerweise durch nichts aufhalten. Die Wellenbewegungen sind aber so stark, dass der Asphalt aufreist und tiefe Furchen sich bilden. Autos bleiben stecken und ganze Busse und Lkw kippen um Bussen umkippen. Fast keine Beton- oder Asphaltfläche hält dem Auf und Ab des Bodens stand.

Bild: Verkehrsgassen in Istanbul - wie sieht es während des Erdbebens aus?

Aufgerissene Straßen nicht passierbar durch Bodenwellen und Risse. Überall liegen Autowracks auf den Straßen und nicht vorhandenen Brücken werden zum Haupthindernis einer schnellen Hilfe nach dem Beben. Beim Erdbeben in Indonesien lag das Hauptproblem für Hilfe in der nicht vorhandenen Infrastruktur. Die Verbindungsstraßen zu den einzelnen Straßen waren vollständig zerstört und es dauerte teilweise Wochen, um diese Strecken auch nur notdürftig wieder herzustellen.

Es wird Wochen dauern nach einem Beben in Istanbul, bis die Infrastruktur wieder hergestellt ist.

Bild: Vogelperspektive auf einen Stadtteil von Istanbul. Enge Gassen und ältere Häuser prägen das Bild.

Herzinfarkte während des Bebens

Erdbeben sind Killer. Nicht nur durch zerstörte Häuser in denen Menschen erschlagen werden, töten Erdbeben. Sie töten auch durch Angst und Schrecken, die sie während ihres Auftretens verbreiten. Dabei muss ein Erdbeben nicht einmal sonderlich schwer sein, um schon zu einer deutlich erhöhten Zahl von Herzinfarkten zu führen. Emotionaler Stress führt als „sekundärer" Risikofaktor zur Auslösung von einer Reihe von Herzinfarkten. Menschen, die unter entsprechenden Risikofaktoren, wie einem erhöhten Blutdruck, hohen Cholesterinwerten usw.. leiden haben ein extremes Risiko während der Erdbebenzeit und danach. Sie regen sich während der Chaosphase auf und die Situation im Körper eskaliert.

An einem normalen Tag in Antakya ist vielleicht mit 10-15 Einsätzen für den Rettungsdienst mit Herzinfarkten pro Tag zu rechnen. An einem Tag mit einem leichten Erdbeben werden es nach Erfahrungen in anderen Regionen dreißig, bei einem mittelschweren schon über hundert sein. Die meisten Patienten werden bei einem besonders schweren Erdbeben nicht versorgt werden können, dann wird die Anzahl an Herzinfarkt opfern bis zu 500 erreichen.

In Istanbul ist an den Tagen mit Erdbeben und danach mit tausenden von zusätzlichen Einsätzen wegen den Erdbebenfolgen durch Herzinfarkte, Schlaganfälle und nervlich Bedingungen medizinischen Einsätzen zu rechnen.

Die Verflüssigung des Bodens

Eines der größten Probleme bei einem starken Erdbeben ist die Verflüssigung des Bodens. Die Erdoberfläche wird durch das starke Beben zu einer Art zähen Flüssigkeit. Zudem wird das Grundwasser hoch gedrückt. Teilweise bilden sich sogar Grundwasserfontainen. Beim Beben in Kobe in Japan im Jahr 1995 trat dieses Problem offen zu Tage. Spezifisch leichte Gegenstände, wie im Boden gelagerte leere Tanks wurden nach oben gedrückt, während ganze Häuser oder Autos im Boden versanken. Überall stand auf ehemaligen Asphaltflächen ein Gemisch aus Wasser, Erde und Überresten von Asphalt.

Für Gebäude bedeutet dies, das die Bodenoberfläche keinen halt mehr geben kann und der Boden schwankt, wie eine unruhige Wasseroberfläche. Gebäude, die auf Felsen oder verfestigtem Boden stehen, werden selbst bei schlimmsten Beben, vom Untergrund gehalten. Gebäude, die auf Flusssand, oder auf künstlichen Aufschüttungen stehen werden dann einstürzen. Tausende Gebäude stehen im Flußsand, z.B. der alte internationale Flughafen in Istanbul sie werden einstürzen und im flüssigen Boden versinken.

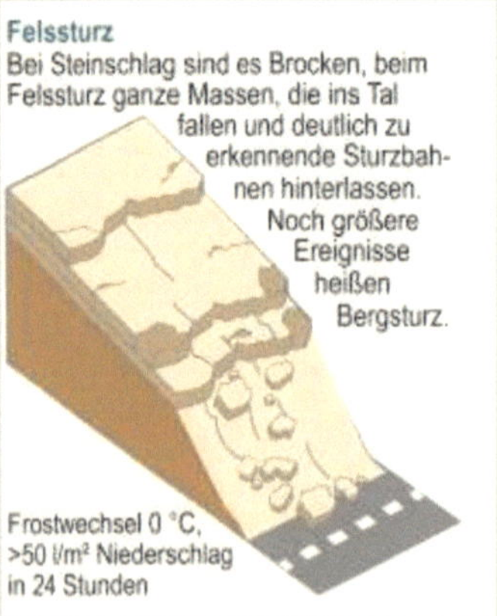

Bild: Grafikdarstellung eines Felssturzes

Quelle: donnerwetter.de GmbH © / Icon ©

In Hatay war die Standfestigkeit des Bodens entscheidend über das Überleben. Recherchieren Sie, wo Ihre Wohnhaus drauf steht. Für fast jede Stadt gibt es inzwischen detaillierte Karten, die zeigen, auf welchem Boden Ihr Gebäude steht.

Nach dem Beben ist vor einem neuen Beben

Erdbeben zeigen dem Menschen seine Verwundbarkeit und seine Ohnmacht. Sie sind, insbesondere in der Türkei, die größte Naturgefahr überhaupt, gegen die man recht wenig tun kann, außer gut vorbereitet zu sein.

Viele Menschen verlieren ihre gesamte Habe in den Trümmern. Die wenigen Werte und Erinnerungsstücke werden beim Räumen der Trümmer zusammengesucht. Meist ist das Ergebnis eines Bebens später bittere Armut.

Neben dem raschen durchsuchen der Trümmer nach Opfern ist es wichtig, die Bevölkerung zu versorgen. Meist machen Kälte/Hitze und Hunger die meisten Probleme.

Besonders Winterbeben sind problematisch, da die Menschen mit „nichts" auf der Haut nach draußen strömen. Das eigenen Auto als Behausung ist essentiell.

Zudem muss erst wieder Mut für einen Neuanfang geschaffen werden, was gar nicht so leicht ist.

Entscheidende Rolle hat Politik und Militär

Beben sind eigentlich unpolitisch. Es trifft alle, auch reich und arm zum Teil gleich. Entscheidend ist die Vorbereitung und hier spielt die Politik und die Gesellschaft eine große Rolle. Als dieses Buch in Antakya 2009 erschien wurde es kostenlos an Verwaltung und Politik verteilt. Die Menschen haben gelacht. Inzwischen ist das der Politiker vergangen, die gesamte Region liegt in Schutt und Asche. Es erschein in einer Phase, als er nur „aufwärts" ging in den ökonomischen Himmel. Es wurde auf Teufel heraus gebaut und Bedenken beiseite geschoben.

Schwere Erdbeben sind selten, sehr selten, wir wissen das sie kommen, aber nicht wann. Auch ihre Stärke ist nicht immer abschätzbar. In Istanbul kann es mit Glück zu mehreren starken Beben kommen, die weniger Opfer fordern, oder aber zu einen großen Sprung, einer Verschiebung von 2-4 m der Erdplatten. Dies bedeutet ein Beben knapp unter der Stärke von Februar 2023 im Osten der Türkei. Für den Osten Anatolien und die Ägäis sind ähnliche Stärken möglich. Also bereiten wir uns darauf vor, es verhindert tausende Tote.

Insbesondere dem Militär kommt bei einem Einsatz in einem Erdbebengebiet eine große Rolle zu, um die öffentliche Ordnung wieder herzustellen und Opfer zu bergen. Das Militär hat ausreichend Kräfte, schweres Gerät und eine eigene Infrastruktur, um im Notfall einzugreifen. Besonders in der Türkei hat sich der Einsatz des Militärs bei zahlreichen Erdbeben mehr oder weniger bewährt. Wie in einem Kriegsgebiet werden zunächst die wichtigsten Wege wieder hergestellt und mit der notdürftigen Versorgung begonnen. Zunächst wird dies rund um Istanbul geschehen. Bis man in die anderen Provinzen, oder gar in die Dörfer vor stößt wird es unter Umständen länger dauern, möglicherweise bis zu einer Woche, nein sogar 2-3 Wochen, wie das Beben im Februar 2023 zeigt.

Medizinische Versorgung als Hauptproblem

Mehr als 500 000 Menschen brauchen kurzfristig medizinische Hilfe. Allerdings sind auch die Krankenhäuser zerstört bzw. kaum benutzbar. Das medizinische Personal ist selbst vom Erdboden betroffen. Ärzte müssen zwischen den Trümmern operieren. Instrumente fehlen, das Zufahrtswege zerstört sind, Bestecke werden notdürftig abgekocht und in China wurde schon mit Hilfe der Akupunktur operiert. Die Leichen werden schnell begraben, was später zu Problemen führt, da starke Regenfälle diese Leichen wieder freiwaschen. absolute Priorität haben.

Medizinische Versorgung als Hauptproblem

Mehr als 500 000 Menschen brauchen kurzfristig medizinische Hilfe. Allerdings sind auch die Krankenhäuser zerstört bzw. kaum benutzbar. Das medizinische Personal ist selbst vom Erdboden betroffen. Ärzte müssen zwischen den Trümmern operieren. Instrumente fehlen, das Zufahrtswege zerstört sind, Bestecke werden notdürftig abgekocht und in China wurde schon mit Hilfe der Akupunktur operiert. Die Leichen werden schnell begraben, was später zu Problemen führt, da starke Regenfälle diese Leichen wieder freiwaschen.

Daher alle Krankenhäuser extrem erdbebensicher bauen. Das in Antakya mehrere Krankenhäuser zerstört wurden ist eine nicht hinnehmbarer Skandal. Dies muss jetzt absolute Priorität haben. Hier spielt Politik eine Rolle.

Sind die neueren Gebäude die sicheren?

Schon beim Beben auf den Philippinen im Juli 1990 fiel auf, dass insbesondere die modernen neuen Gebäude einstürzten. Besonders dramatisch war der Einsturz eines neuen Hotels, welches nur wenige Monate alt war. Insbesondere die vielen öffentlichen Gebäude werden letztendlich erst dann dem Erdbebentest unterzogen. Auch die zahlreichen neuen Hochhäuser rund um die Städte, werden ihre Stabilität beweisen müssen.

Besonders gefährlich sind „Stelzenbauten“, wie sie an vielen Stellen in Istanbul zu finden sind.

Beim Armenien-Erdbeben 1988, welches sehr lange andauerte, zeigte sich, dass insbesondere Gebäude einstürzten, bei denen unterhalb des Hauses eine Garage eingerichtet war. Diese Gebäude waren nicht direkt mit dem Fundament mit dem Erdboden verbunden. Dadurch stürzte das Erdgeschoss ein, da hier die Stützwände nicht ausreichend waren.

Wie groß die Auswirkungen von Baufehlern bei Erdbeben ist, zeigte das schwache Erdbeben von El Salvador im Oktober 1986. Hier stürzte eine falsch aufgebaute Trennwand in der zahnärztlichen Fakultät um und sorgte für erhebliche Schäden im Raum.

Welche Aufgaben hat die Politik, um die schlimmsten Auswirkungen zu verhindern?

Die Politik muss sich nicht darin beschränken Trauerreden für den Fall vorzubereiten, sondern kann aktiv jetzt schon daran arbeiten, die Schadensrisiken zu minimieren. Das schlimme Erdbeben im Februar 2023 hat gezeigt, dass die türkische Politik nicht genug vorbereitet war.

Für das ganze Land muss neu angesetzt werden:

Erarbeitung von Erdbebenszenarien: Die Entwicklung von mehreren Erdbebenszenarien mit unterschiedlichen Schwergraden, Uhrzeiten und Wetterlagen hilft zusammen mit Experten die Auswirkungen genau abzuschätzen.

Auf Basis der Szenarien können die Schwachstellen bei einem schweren Erdbeben untersucht werden:

Überprüfung aller öffentlichen und später aller privaten Gebäude/Anlagen auf ihre Sicherheit. Bei nicht sicheren Gebäuden im öffentlichen Bereich sofortige Sicherungsmaßnahmen. Im privaten Bereich sollte der Staat Vorschläge zur Sicherung und Finanzierungen anbieten. Wichtig ist auch ein Generalplan, um das Risiko eines Großbrandes bei einem schweren Beben zu reduzieren.

Beispiel für einen Sicherheitscheck: Welche stabilisierenden Wirkungen von Zwischenwänden ausgehen, zeigte das Beben von Kobe in Japan. Hier stürzte der fünfte Stock des Rathauses ein. Alle anderen Stockwerke konnten den Beben widerstehen. Da in diesem Stockwerk stabilisierende Zwischenwände entfernt worden waren, kam es zum Einsturz dieses Stocks.

Ständiges Erdbebentraining in der Stadt, in Schulen, Firmen und Verwaltungen!

Logistische Koordination: Besteht ein Einsatzplan für ihrer Stadtteil in Istanbul?

Innerhalb von Stunden/Tagen müssen Hilfsgüter durch Militär und private Organisationen in das Erdbebengebiet gebracht werden. Entwicklung eines genauen logistischen Planes.

Unterstützung der kleinen Gemeinden in der Umgebung um auch hier die Erdbebensicherheit deutlich zu erhöhen.

Zukunft und was Sie tun können

Rechnen Sie mit einem Erdbeben – Verdrängen Sie das Risiko nicht, am besten Sie ziehen aus der direkten Erdbebenzone weg.

Der Mensch ist Meister im Verdrängen. Gefährliche und unangenehme Dinge möchte man ungerne sprechen, also seien sie gedanklich vorbereitet.

Allerdings kann die kleine Liste hier keine Vollständigkeit garantieren. Eine Haftung für Schäden können wir natürlich auch nicht übernehmen.

Betreiben Sie daher Vorsorge: Beim Kauf oder der Miete eine Hauses fragen Sie nach der Standsicherheit und vermeiden Sie eine Hanglage. In der Wohnung sollte sie die Gegenstände an der Wand sichern, also Regale , oder auch einen großen Kühlschrank an der Wand massiv befestigen. Schwere Gegenstände gehören nicht an höhere Stellen.

Der sichere Platz im Haus: Wählen Sie im Haus einen sicheren Platz aus, zu dem Sie flüchten können. Dies kann ein Türbogen, ein Stützpfeiler oder im Notfall ein massiver Schreibtisch sein. Eine Flucht nach draußen macht nur Sinn, wenn Sie wirklich am Ausgang sind, sonst ist es meist besser in der Wohnung zu verbleiben.

Am Arbeitsplatz sollten Türen, auch bei Stromausfall, von innen zu öffnen sein. Prägen Sie sich die Notfallwege und Türen ein. Auch am Arbeitsplatz sollten Sie sich einen Notfallplatz suchen.

Das Auto sollte so geparkt werden, dass es nicht direkt von Mauern und Trümmern getroffen wird. Es kann nämlich kurzzeitig die Funktion eines Schutzraumes nach dem Erdbeben haben. Das Auto zeigte sich nach den Beben im Februar 2023 war für manche über Wochen hinweg Schutzraum bei eisiger Kälte. Es sollte nachts im voll getankt und funktionsfähig sein.

Bringen Sie die Notausrüstung so an, dass Sie auch im Ernstfall darauf zugreifen können.

Wichtig ist, dass sie in kurzer Distanz Hammer, Axt, Brechstange, ein große Zange, Arbeitshandschuhe und Feuerlöscher benötigen. Schlafen Sie Angezogen, besonders im Winter.

Die Notfallausrüstung:

- tragbares Batterie oder Kurbelradio im Informationen zu empfangen.
- Taschenlampe Verbandskasten und Medikamente, die in der Familie benötigt werden
- Erste Hilfe-Ausrüstung mit Beschreibung
- pro Person mindestens 3 Liter Trinkwasser pro Tag – am besten sollte der Vorrat für 2-3 Tage reichen
- haltbare Lebensmittel für eine Woche (Büchsen, Kekse usw..)
- Hygieneartikel und wenigstens grundlegende Ersatzwäsche
- Ausweispapiere und Urkunden
- Bargeld und Schmuck und Schlüssel
- Kugelschreiber und Papierkörbe
- Mobilfunkgerät
- wichtige Telefonnummern
- Reservekanister mit Benzin im Auto

<u>Das Verhalten während des Erdbebens:</u>

im Haus: sofort offenes Feuer löschen und Gashahn abstellen

Wenn Sie in der Nähe eines Ausgangs sind, dann rennen Sie auf eine offene Fläche

Wenn Sie im Haus bleiben, suchen Sie Schutz am Fluchtpunkt oder einem stabilen Türbogen oder unter dem Bett oder dem Tisch.

Gehen Sie weg von Fenstern und schützen Sie Kopf und Gesicht mit ihren Armen.

Versuchen Sie nicht mit aller Macht das Gebäude zu verlassen. Viele Opfer gibt es im Treppenhaus.

Auf der Straße: Versuchen Sie sich auf offene Flächen zu retten und sich gegen herab fallende Gegenstände zu sichern. Halten Sie Abstand zu Stromleitungen.

Im Auto: Fahren Sie an den Straßenrand, halten Sie an und machen Sie den Weg für Rettungsfahrzeuge frei. Schalten Sie das Radio ein, und verfolgen Sie die Meldungen der Rettungs- und Katastrophendienste.

Verhalten nach dem Beben:

- *Erste Hilfe leisten*
- *Standfestigkeit des Gebäudes überprüfen und keine beschädigten Gebäude betreten*
- *Leitungen überprüfen*
- *gefährliche Flüssigkeiten und Gegenstände beseitigen*
- *Telefone nur um Notfall benutzen*
- *Wasser in der Badewanne und in Eimern speichern*

Quellen: GeoForschungszentrum Potsdam, Auswärtiges Amt Deutschland, Schweizer Erdbebendienst

Prognose von Erdbeben

Bewegungen am Rand der großen Erdplatten sind ein sicheres Zeichen, dass Erdbeben bevorstehen. Allerdings finden hier auch ständig Bewegungen statt, so dass immer wieder kleinere und größere Erdbeben auftreten. Eine genaue Vorhersage eines großen Erdbebentages ist dadurch nicht möglich.

1975 soll in China eine Erdbebenvorhersage geglückt sein. Für den 4.2.1975 wurde ein Erdbeben vorhergesagt. So gab es zuvor eine Evakuierungswarnung, so dass eine Stadt mit Millionen von Einwohnern vorher evakuiert werden konnte. Wie diese erfolgreiche Vorhersage zu Stand kam, ist bis heute nicht klar. Die Regierung behauptet, es wären Privatleute gewesen, die diese Vorhersage trafen. Spezialisten halten weiterhin Erdbebenvorhersagen für nicht möglich.

Immer wieder wird vor Erdbeben von merkwürdigem Verhalten von Tieren berichtet. So liefen Hühner während der Nacht aufgeregt durcheinander. Weitere merkwürdige Zeichen sind, ein Absinken des Grundwasserspiegels. Brunnen zeigten Ringe und Sprünge.

Durch technische Möglichkeiten wird in den nächsten Jahren vor Erdbeben in Sekunden gewarnt, dies kann die Opferzahl reduzieren.

Hoffnung

Hoffnung kommt durch die vielen Erfahrungen mit Erdbeben in der Türkei..Allerdings ist die türkische Politik und Gesellschaft durch die Dauerkrisen gelähmt. Allerdings dauert es sicherlich 1-2 Tage bis die Hauptverkehrswege wieder frei sind bis zu 2 Wochen, bis alle Opfer geborgen sind.

Eine Stadt wie Istanbul, auf schwankendem Boden gebaut, muss mit diesem Risiko eines ständigen verheerenden Erdbebens leben. Über tausende von Jahren hat sich Istanbul, wenn auch mit wechselndem Erfolg gehalten, sie wird auch dieses Beben überleben, auch wenn die Stadt danach ganz anders aussieht.

<u>Erinnerungen an die ehemaligen Bücher</u>

Linkszentriert ist das türkischsprachige Buch „30 Saniye“ [30 Sekunden] vorzufinden, welches im Jahre 2009 ausgehend von dem Meteorologen Dr. Karsten Brandt publiziert wurde und das Fundament dieses Buches bildet.

Rechtszentriert ist das türkischsprachige Buch „Antakya ve Hatay“ [Antakya und Hatay] befindlich, welches ebenso von Herrn Dr. Karsten Brandt veröffentlicht wurde. Es handelt um die Region Hatay und die Stadt Antakya - insbesondere bezüglich Historie, Tradition, Leben etc. pp.

Dr. Karsten Brandt, Donnerwetter.de GmbH , im Februar 2023

Herausgeber: Noah Brandt | Gestalter: Noah Brandt

Basis des Buches 30 Sekunden - Erdbeben in Hatay aus dem Jahre 2009, aufgearbeitet mit neuesten Erkenntnissen.